# INITIATION

## AUX

# MYSTÈRES DU MAGNÉTISME

## NOUVELLE ÉDITION

ENTIÈREMENT REVUE ET CORRIGÉE

### Par Henri D***

Un peu de philosophie
nous éloigne de la religion,
beaucoup nous y ramène.

( BACON. )

ROUEN

IMPRIMERIE DE A. PÉRON

RUE DE LA VICOMTÉ, 55

1847

# TABLE DES MATIÈRES.

[1] Extrait du *Journal du Dimanche* du 21 mars 1847. — [2] Extrait de la *Gazette des Tribunaux* du 11 octobre 1845. — [3] Extrait de la *Revue de Paris* du 27 novembre 1842.

# INTRODUCTION.

Au xixᵉ siècle , le mot magnétisme signifie , pour la généralité des
hommes : charlatanisme !

Quelques-uns , témoins des phénomènes merveilleux qu'il produit ,
n'hésitent pas à le considérer comme
une œuvre diabolique. En conséquence , ils anathématisent ceux qui
se livrent à son étude. Enfin , une
troisième opinion émise par le plus
grand nombre des médecins, est que
le magnétisme, vrai en partie dans

ses effets physiques, n'est que de la jonglerie dans ses phénomènes supra-rationnels. Ces trois opinions erronées ont eu l'inconvénient d'empêcher, en général, les esprits sérieux de se livrer à son étude.

Avant de pénétrer ces mystères, il faut avoir des connaissances assez étendues en métaphysique; et, jusqu'à présent, beaucoup de magnétiseurs ont traité des questions de philosophie, mais très peu de philosophes ont daigné s'occuper de magnétisme. Désirant rendre publique cette brochure, j'ai demandé avis à un jeune rédacteur de la *Revue des Deux-Mondes*, penseur profond autant qu'habile écrivain, M. Esquiros, qui a bien voulu me communiquer, sur cette matière, un grand nombre d'aperçus aussi vrais que saisissants.

Persuadé qu'il n'y a de véritable voyant en magnétisme que celui qui est magnétisé, j'ai consulté sur ce sujet le médecin somnambule. Après l'avoir préalablement endormi, il a reconnu vraie la plus grande partie des opinions énoncées dans cet ouvrage, à l'exception de quelques-unes que j'ai modifiées après avoir reconnu la justesse de ses observations. Enfin, j'ai soumis mes explications du magnétisme à ceux qui l'ont le plus pratiqué, et tous me disaient qu'ils auraient désormais conscience de leurs actes magnétiques. Un homme honorable , magnétiseur distingué , M. Marcillet, qui a popularisé la foi au magnétisme en portant, à l'aide de son somnambule Alexis, la conviction dans un grand nombre d'esprits éclairés, me disait, à propos de mes explications sur la seconde vue, que c'était une lampe que j'allumais dans un antre obscur. Philosophe religieux, mon but en traitant aujourd'hui la question du magnétisme, est de démontrer la fausseté d'une opinion allemande partagée par quelques magnétiseurs exaltés.

Cette opinion consisterait à considérer tous les miracles du Christ comme des phénomènes purement magnétiques. L'homme qui cherche la vérité, ne pourra plus douter, en présence de faits publics et irrécusables, produits nécessairement par une force immatérielle, qu'il n'ait au dedans de lui une âme immortelle, et nous aurons la consolation d'avoir rendu au peuple ses espérances en une vie future, espérances qu'un matérialisme inhumain avait en vain tâché de lui ravir.

C'est surtout à la jeunesse que nous nous adressons. Passionnée pour tout ce qui est destiné à agrandir le domaine de la science et à soulager les maux sans nombre qui affligent l'humanité, elle acceptera la main que nous lui tendons pour lui aider à surmonter les premiers obstacles de

cette route secrète, profonde et mys-
térieuse.

Aujourd'hui, debout sur le seuil
d'un monde inconnu, invisible à nos
sens, nous en apercevrons les loin-
taines clartés. Nous le visiterons plus
tard dans un ouvrage de haute magie, traitant de la puissance ada-
mique.

# HISTOIRE

## DU

# MAGNÉTISME.

L'homme versé dans les sciences occultes, l'initié aux mystères de l'antique Orient, ne peuvent s'empêcher de faire remonter le magnétisme aux premiers âges du monde. Les génies d'élite qui se firent les instituteurs du genre humain, comprenant la sainteté d'une science qui dégage l'âme du corps, lui donnèrent asile dans le fond des temples. Devant plus tard, dans mes autres ouvrages, vous faire pénétrer dans le sanctuaire des temples de l'Inde, étudier la médecine à Epidaure, et la haute sagesse d'Egypte dans l'intérieur de ses Pyramides, je me bornerai à constater ici que les prêtres de l'antiquité avaient la connaissance de l'existence du fluide magnétique et de ses merveilleux phénomènes. L'initié d'Osiris, le poëte philosophe, civilisateur de la Grèce, Orphée, le décrit dans des vers magnifiques.

Je dirai cependant un mot des Sybilles et des Pythonisses de l'antiquité, aujourd'hui où on nie leur existence, où on les oppose hautement aux prophètes et aux saints. St-Clément d'Alexandrie, St-Augustin ont, nous l'avouons franchement, dans plusieurs de leurs ouvrages,

cité les prédictions des sybilles tou-
chant J.-C.. Ces prédictions, anté-
rieures de beaucoup au Christ, et que
nous avons lues avec un extrême in-
térêt, dépeignent son règne, son
avènement en termes très précis. A
ceux qui m'objecteront que ces prophéties sont supposées, je dirai avec
Lactance que les plus frappantes se
trouvent rapportées par Varron, Ci-
céron et plusieurs auteurs non moins
dignes de foi, qui étaient morts avant
que le Christ ne naquît selon la chair.
Mais, nous dirons des sybilles, qui
ne sont rien autres que nos somnambules lucides, ce que nous avons dit
de ces derniers: les somnambules en-
trant dans un état de passivité abso-
lue, entrevoient le présent, le passé
et l'avenir, d'une manière pénible,

laborieuse et incertaine ; le saint, au contraire, maître de lui-même, commande en souverain à la nature, et la modifie au gré de sa volonté puissante. Je ferai, en outre, remarquer que presque tous les saints qui sont le plus vénérés pour leurs miracles, travaillèrent durant toute leur vie à mortifier leur corps et à s'en dépouiller, afin que leur âme, libérée des liens terribles de la chair, pût voler vers son bien-aimé sur les ailes de l'amour. Vous comprenez comment la mortification, rendant l'âme du solitaire maîtresse du corps, empire que lui a ravi le péché originel, ce nouvel Adam va pouvoir commander à la nature, et son âme, dégagée des liens charnels, va commencer dès cette vie à voir dans le présent, le passé et l'avenir, faculté que la théologie reconnait à l'âme lorsqu'elle a quitté le corps. Je me bornerai à ces quelques réflexions sur le magnétisme dans les temps anciens.

Passons maintenant au jour où, quittant ses mystérieux asiles, le magnétisme apparut au monde et se manifesta par des phénomènes publics.

Dans le siècle où Cabanis répandait les doctrines malfaisantes du matérialisme, et proclamait hautement que l'homme n'était qu'un animal dont les organes étaient un peu plus perfectionnés que ceux des autres brutes, Dieu suscita Mesmer, homme d'une énergie incroyable et d'un grand désintéressement, signes certains d'une âme élevée. Le premier, il engagea avec les corps savants et l'opinion publique cette polémique qui dure encore, et dans laquelle il eut souvent l'avantage. Après Mesmer, de Puysségur lança le magnétisme dans des voies nouvelles que son fondateur lui-même n'avait pas prévues.

La découverte du somnambulisme ajouta à l'enthousiasme des croyants et à la résistance des incrédules ; c'était un pas de géant, car rien n'agit plus puissamment sur la masse des esprits que le merveilleux. Vers ce même temps, nous voyons apparaître un homme singulier, l'abbé Faria, doué d'un aplomb et d'une adresse rares, même chez un thaumaturge ; il contribua à répandre, de son côté, la nouvelle découverte. On peut le regarder comme l'inventeur de ce magnétisme à spectacle qui plait, étonne, fait peur, mais a le tort de faire jouer à la science le rôle de passe-temps. Un homme de bien, M. Deleuse, donna tous ses soins au traitement des malades, par l'action magnétique. Nous lui devons la première définition un peu précise qui ait été donnée sur cette matière.

Le magnétisme est, selon lui, une émanation de nous-mêmes, dirigée par la volonté.

Si nous arrivons aux temps modernes, nous trouverons le baron Du Potet, auteur de plusieurs ouvrages qui ont eu un grand succès; M. de Guinaumon, qui a relaté dans un ouvrage justement estimé, intitulé *Somnologie*, les cures miraculeuses du somnambule Victor Dumez; enfin,

M. Ferdinaud Barreau qui vient d'obtenir un bref de félicitation du pape, Pie IX, pour son ouvrage du *Magnétisme en cour de Rome*. Tel est aujourd'hui l'état du magnétisme.

Versé dans la connaissance des écritures et des religions de l'antiquité, je me suis servi du magnétisme comme les mages de l'ancienne Perse, pour pénétrer les mystères de la nature et arriver à la connaissance des hautes questions de la métaphysique. J'ai observé, dans les nombreuses expériences magnétiques que j'ai faites dans le silence de la nuit, que les réponses des somnambules, quelque fût d'ailleurs leur degré d'instruction, étaient en tout conformes aux vérités révélées, admises par l'universalité des peuples, et que l'église nous propose de croire. En voici un exemple.

Alexis, ce somnambule dont le nom est européen, acteur distingué de l'Ambigu-Comique, m'avait souvent assuré qu'endormi sous l'influence de mon fluide, il traiterait les questions les plus arides de la métaphysique. Curieux de voir cet acteur traiter une question de philosophie, je lui promis de mettre sa science à l'épreuve. Un jour, en effet, qu'un médecin, ayant interrogé sur sa santé Alexis, celui-ci lui avait répondu : Maintenant vous allez bien, mais vous seriez mort d'une très grave maladie que vous avez faite, il y a trois ans, si votre mère ne vous eût passé un chapelet béni autour du cou, je crus mettre en défaut sa clair-

voyance somnambulique, en lui disant d'expliquer comment un chapelet pouvait guérir. » Dieu, me ré-
» pondit-il sans hésitation, touché
» des prières de cette femme, lui a
» accordé que tous les objets, impré-
» gnés de son fluide, posséderaient la
» vertu qui, suivant les Evangélistes,
» sortait de la robe du Seigneur et
» guérissait les maladies. «

Le médecin s'en alla très effrayé d'une si merveilleuse lucidité, et Alexis, réveillé, resta très étonné d'être si versé dans les Ecritures.

## Nature du Magnétisme.

L'homme est un composé de corps et d'âme qui exercent l'un sur l'autre une influence réciproque. Lorsque le corps a la prédominance, l'homme tombe immédiatement au-dessous de la brute; quand, au contraire, l'âme commande en souveraine, l'homme s'élève à la plus haute perfection. Cette influence s'exerce à l'aide d'un fluide nommé fluide magnétique, qui est un véritable médiateur entre la partie spirituelle et la partie matérielle de notre être. Nous ne nous occuperons pas aujourd'hui du corps que les physiologistes sont parvenus à très bien connaître. Quant à l'âme, nous nous bornerons à vous rappeler qu'elle a été formée par Dieu, à son image, suivant les paroles mêmes de la Genèse, et qu'elle le reflète dans son immuable trinité. Notre intelligence correspond à Dieu le père, la pensée que nous sentons naître comme le germe de notre esprit, le fils de notre intelligence, et qui se manifeste par nos actions, notre volonté d'agir et nos paroles, nous donne une idée du fils de Dieu, nommé dans l'Écriture, Verbe ou Parole; enfin, la vue d'une action aimable produit en nous un sentiment pour son auteur, sentiment que nous nommons amour qui correspond au Saint-Esprit, amour réciproque du père pour le fils qui procède de l'un et de l'autre, qui les unit, qui s'unit à eux, et ne fait avec eux qu'une même vie. Passons maintenant à la définition du fluide médiateur entre notre âme et notre corps.

Il est un axiome en métaphysique comme en haute magie, emprunté par Pythagore et Platon aux prêtres égyptiens, axiome contenu dans ces quelques mots : Dieu se complait dans le nombre trois : *Numero Deus impare gaudet.* Dieu, en effet, voulant régénérer le monde, incarna son propre fils, et en fit le médiateur entre l'homme coupable et son Dieu. La croyance en J.-C. médiateur est le fondement du christianisme. Le soleil éclaire et féconde le monde à l'aide d'un principe, nommé par Newton ondes lumineuses, et dont la découverte immortalisa son nom. C'est le véritable médiateur entre le monde et le soleil; c'est le premier principe du monde. Il fut créé avant le soleil, suivant les mots encore empruntés à la Genèse : que la lumière soit, *Fiat lux*. Enfin, entre l'âme et le corps, il existe aussi un médiateur, nommé chez les anciens *esprits animaux*, et que nous nommerons fluide magnétique.

Ainsi, pour résumer ces hautes pensées : entre Dieu et l'homme il y a un médiateur : Jésus-Christ; entre le soleil et le monde, il y a un médiateur : les ondes lumineuses ; entre l'âme et le corps, les anciens avaient aussi reconnu un médiateur que j'appelle fluide magnétique.

Pour bien définir cette troisième partie de l'homme, je crois indis-

pensable de laisser parler un somnambule, Victor Dumez :

« Il existe un fluide magnétique
» très subtil, impondérable, lien,
» chez l'homme, entre l'âme et le
» corps, sans siége particulier ; il
» circule dans tous les nerfs et surtout
» dans le grand sympathique, c'est
» l'étincelle de la vie. Sa couleur, vi-
» sible seulement pour le somnam-
» bule, n'est pas toujours la même :
» tantôt, il a le pâle reflet de la lune,
» d'autres fois celui du feu, sou-
» vent il tient le milieu entre l'étin-
» celle électrique et ce dernier élé-
» ment. *Son éclat est toujours en rai-*
» *son directe de la continence.* Le sang
» nourrit les nerfs qui poussent le
» fluide à travers le névrilème ; exalé
» à l'extérieur, il forme autour de

» chaque individu une auréole lumi-
» neuse, assez semblable à celle dont
» les peintres illuminent la tête des
» saints. »

La moindre partie de ce fluide con-
tient une fraction de toutes nos parties. Donnez à un somnambule une
mèche de cheveux imprégnée de ce
fluide, il est très probable qu'il dé-
peindra au physique comme au moral l'individu sur la tête duquel ils
ont été coupés. Le fluide existe aussi
chez les animaux et les plantes, suivant M. E. de Classé, mais, au lieu
d'être le médiateur entre une âme
sensible, intelligente et libre, et leur
corps, il l'est entre un instinct soumis aux lois immuables de leur nature. Examinons maintenant son
action physique.

C'est le fluide qui illumine d'une douce clarté les yeux de l'homme bon et clément, d'un feu sombre, ceux de l'envieux. Nous avons tous pu remarquer que la débauche, en ternissant l'éclat du fluide chez l'homme, éteignait la brillante clarté de son regard. C'est encore ce fluide qui, produisant la physionomie, fait paraître en relief sur nos traits, nos pensées et nos impressions intérieures. Terminons ce chapitre par l'explication du somnambulisme.

Lorsque l'on introduit, par l'action magnétique, un fluide étranger dans les nerfs d'un somnambule, l'âme, pour ainsi dire, se trouve isolée du corps. Le corps alors est plongé dans un étrange sommeil, tandis que l'âme révèle sa céleste origine par les plus merveilleux phénomènes :

Et son corps assoupi laisse l'empire à l'âme.

## Théorie du Magnétisme.

Le temps m'ayant toujours manqué pour former des somnambules, je n'ai jamais magnétisé que des sujets dont la lucidité m'était parfaitement connue. Ceux-là je les magnétisais sans gestes, par la seule action de ma volonté, étant plutôt philosophe que magnétiseur. Je conseillerai à ceux qui désireraient approfondir cette question et savoir comment se forment les somnambules, de se procurer les ouvrages de MM. Baron du Potet et de Ferdinand Barreau, sur cette matière.

Le caractère le plus constant du somnambulisme c'est d'être sans cesse variable. Aujourd'hui, semblable à ces femmes des contes arabes, traversant l'immensité des airs, montées sur un dragon ailé, l'esprit de votre somnambule, porté sur l'aile de votre volonté, décrira avec une effrayante vérité de détails tous les lieux que vous voudrez lui faire visiter. En vain, le lendemain, évoquerez-vous les mêmes images, elles se refuseront à une seconde apparition, et si le somnambule est de bonne foi, il vous avertira lui-même qu'il ne voit rien et vous priera de le réveiller.

Nous allons tâcher d'expliquer les

causes de cette singulière variabilité.

Vous remettez au somnambule une
mèche de cheveux qui a passé dans
un grand nombre de mains et s'est
emparée du fluide de chacun de ceux
qui y ont touché. Comment le somnambule pourra-t-il reconnaître, au
milieu des différents fluides, celui de la
personne dont on lui a donné des cheveux. C'est dans l'incrédulité de ceux
qui interrogent qu'il faut chercher le
plus souvent les causes de non réus-
site.

Prenez un homme d'esprit, placez-
le dans un cercle où on l'écoutera
avec plaisir ; il se distinguera par
l'heureuse forme de ses pensées, l'o-
riginalité de ses réparties, sa verve in-
tarissable. Placez la même personne,

lc lendemain, en présence d'hommes sans estime pour son esprit, ses idées jailliront avec peine de son cerveau troublé, ses phrases seront traînantes et embarrassées ; en un mot, ce ne sera plus le même homme. Si l'influence d'un auditoire malveillant est si pernicieuse à un homme éveillé, combien le sera-t-elle davantage au somnambule qui est mille fois plus irritable, plus susceptible, plus impressionnable que l'organisation la plus timide, la plus nerveuse, la plus délicate dans l'état de veille. Je crois utile de conseiller à ceux qui magnétisent, de ne pas trop fatiguer leur sujet. Il faut généralement les réveiller, bien qu'un grand nombre n'en aient pas besoin.

Un magnétiseur distingué, M. Millet, a conservé, pendant trois mois, une somnambule dans le sommeil magnétique. Cette somnambule attachée à l'une des principales maisons de bains de Paris, s'acquittait avec une grande ponctualité de son service, bien qu'elle fût endormie. Rien ne peut peindre son étonnement, en voyant couverts de feuilles, les arbres qu'elle avait vus, avant d'être endormie, blanchis par la neige. C'était trois mois passés dans un monde inconnu, dont elle n'avait rapporté aucun souvenir, trois mois à retrancher de son existence !

## Comment le somnambule peut arriver à la connaissance des maladies, de leurs causes et des remèdes qu'elles exigent.

Les somnambules se divisent en deux classes : les somnambules intuitifs et les somnambules sensitifs.

Le somnambule intuitif voit au travers des corps, et rend compte de la forme et de l'état des organes internes du malade avec la même précision que le médecin qui vient de faire l'autopsie d'un cadavre. Quelques-uns, moins lucides, me disaient distingüer l'intérieur des corps comme au travers d'une carafe. Quant au somnambule sensitif, il ressent en son propre corps toutes les douleurs dont souffrent les personnes avec lesquelles il entre en rapport ; l'indentification entre lui et les individus est telle, que j'ai vu M. Derrien se faire tirer les cheveux dans une pièce séparée de celle occupée par sa somnambule, et, celle-ci, aussitôt se plaindre qu'on lui eût tiré les cheveux, et porter la main à l'endroit de la tête où l'on venait de tirer ceux de son magnétiseur.

J'ai vu une somnambule nommée *Prudence*, dont la physionomie était si mobile qu'il suffisait de penser à une statue pour qu'elle prît aussitôt l'expression qu'un ciseau habile avait su donner au marbre. Un jour, je pensais aux tourments du Christ sur le mont Golgotha, et, au même instant, les traits de son visage expri-

mèrent la plus immense douleur,
mêlée à une infinie résignation; un
artiste qui l'aurait copiée en ce moment aurait eu une magnifique tête
de Christ. Plusieurs fois, j'ai, par la
seule force de la volonté, changé,
pour les somnambules, de l'eau en
vin, et ils éprouvaient les mêmes effets
que s'ils eussent réellement pris cette
boisson. Je termine par un fait qui
achèvera de vous démontrer combien
l'identification est intime entre le
somnambule sensitif et le médecin
avec lequel il se met en rapport.
J'entre un jour chez le médecin somnambule et je suis effrayé de la colo-
ration de son visage, je fus prompte-
ment rassuré en apprenant que la
teinte jaune de sa peau tenait à une
consultation qu'il venait de donner

sur une mèche des cheveux d'une personne atteinte de la jaunisse. En le démagnétisant, on lui ôta facilement cette maladie qui n'avait pas eu le temps de s'invétérer.

Un fait incontestable est que la nature a doué un grand nombre d'animaux de la faculté de percevoir les différents fluides. C'est à l'aide de ce don que les chiens reconnaissent leur maître, et discernent les plantes propres à les guérir de leurs maladies; cette faculté se trouve développée chez l'homme par l'action magnétique.

Cela posé, il sera facile de concevoir comment le somnambule peut indiquer les remèdes propres à la guérison de nos maladies.

En effet, le somnambule est atteint momentanément de la maladie de la personne avec laquelle il entre en rapport; désireux de s'en guérir, il se transporte immédiatement en esprit dans une pharmacie ou autre lieu, et, avec une sagacité intelligente, développée en lui par le magnétisme, il indique les remèdes qui doivent le rendre à la santé, et la place exacte où il les a trouvés. Ces remèdes sont quelquefois des médicaments vendus par les pharmaciens, souvent des herbes qu'il faut aller cueillir à la campagne dans l'endroit que désigne le somnambule. D'autres fois, et alors leurs prescriptions deviennent d'une exécution pénible, c'est un certain baume qu'il s'agit d'aller chercher au sixième étage d'une antique maison, chez quelque vieille juive qui en est dépositaire par tradition.

Il me reste maintenant à parler des effets bienfaisants produits sur les malades par l'action magnétique. Les passes magnétiques exercent une bienfaisante influence sur les malades, en rendant, par l'introduction d'un fluide vivifiant dans les nerfs, le mouvement aux membres paralysés ; en rétablissant l'harmonie des fluides en désordre ; enfin, en chassant le fluide vicié et en le remplaçant par un autre plus pur. J'ai guéri quelques maladies par ce moyen, mais le manque de temps m'a mis, depuis longtemps, dans l'impossibilité d'entreprendre aucune guérison. Un grand nombre d'hommes, remarquables par l'élévation de leurs sentiments, se dévouent encore tous les jours à la pratique de cette médecine naturelle, et obtiennent des cures très remarquables.

Les femmes, de même que les hommes, peuvent rendre la santé par l'action magnétique. Des mains de femmes et même de princesses, ne dédaignèrent pas d'exercer les secrets de la médecine Mesmerienne dans cette solitude du Petit-Bourg que Louis XIV avait fait bâtir pour madame de Montespan, et qu'habitait naguères M. Aguado ; aujourd'hui asile consacré par la charité publique à la moralisation des jeunes détenus. Nous avons lu dernièrement le rapport imprimé d'une cure opérée par madame la duchesse de Bourbon, et racontée par elle-même.

Dans les temps modernes, nous avons connaissance de certaines cures opérées charitablement par des femmes jeunes et riches à l'aide du magnétisme. Ces cures peuvent tenir une place honorable parmi les guérisons si remarquables opérées par MM. Legentil, Grummet, le docteur Viancin, le docteur Desbois, etc, etc.

## Maladies incurables et héréditaires, guéries par le Magnétisme.

Il est des maladies qui foudroient et déciment les générations, et pour la guérison desquelles la science, jusqu'à présent, a été impuissante. Les noms de ces maladies ne se prononcent qu'avec effroi; car, non contentes de la mort de leurs victimes, elles les attaquent encore dans leur postérité la plus reculée. C'est l'Epilepsie qui roule par terre sa victime en proie aux plus effroyables convulsions, tord ses membres, égare son œil et couvre ses lèvres d'une écume sanglante ; c'est la Paralysie générale que le docteur Falret nous décrivait dernièrement dans sa hideuse réalité, au cours qu'il professe à la Salpétrière. Du jour où un malade est atteint de cette affection, sa famille commence à pleurer sa mort, car ses membres tour à tour vont lui refuser leur service, et bientôt il faudra lui desserrer les dents pour lui introduire dans la bouche la nourriture chargée de prolonger quelque temps encore sa douloureuse agonie.

En présence de cette maladie dont le nombre, suivant le célèbre docteur Voisin, tend, chaque jour, à augmenter, la science se reconnaît tristement impuissante. La médecine, me disait M. Henri Falret, peut retarder de quelques mois la mort de l'homme atteint de paralysie générale, mais jamais le rendre à la santé.

Qui n'a vu les ravages des maladies de poitrine, de la phthisie, qui, non contentes de miner leurs victimes, se transmettent immuablement à leurs descendants. La médecine, voyant qu'elle ne pouvait rien pour arrêter ce mal rongeur, a pris depuis long-temps le parti, pour mettre à couvert sa responsabilité, et éloigner des yeux d'une famille le spectacle d'une lente agonie, d'envoyer mourir les poitrinaires sous un ciel étranger. A la vue de tous ces maux, un homme s'est levé et a dit : Vous tous que la science abandonne, venez à moi et je vous guérirai. Médecin, je ne puis rien pour vous ; somnambule, je puis tout. Les remèdes qui peuvent vous rendre à la santé, — éveillé, je ne puis les voir, — endormi, je les aperçois. Cet homme, c'est Victor Dumez, médecin de la faculté de Paris. Je ne parlerai pas de ses cures nombreuses et miraculeuses. Un homme estimable, un ancien député, M. Loison de Guinaumon, en a fait le récit dans sa *Somnologie.* Je citerai seulement quelques particularités de sa vie. Dumez a fait ses études à Fribourg, où le bruit des cures qu'il opérait s'étant répandu au loin, on venait, des extrémités de la

Suisse, consulter l'écolier somnambule. Elève très ordinaire, éveillé, toutes les fois qu'il faisait ses devoirs dans le sommeil somnambulique, ils étaient très remarquables. Son intention était d'être simple somnambule, mais, cédant au conseil de quelques amis dévoués, il a passé tous les examens et s'est fait recevoir médecin. Ces examens, qu'il passa endormi, furent très brillants, et nous lui avons entendu raconter que s'étant un jour aperçu que l'un de ses examinateurs voulait l'embarrasser, il avait lu, dans l'esprit de cet examinateur, la réponse que, lui-même examinateur, aurait faite, si on lui avait adressé la même question.

Aujourd'hui, médecin de nom, Dumez est somnambule de fait, et con-

tinue à Paris le cours de ses guérisons [1].

Je comprends que l'on doute de la science des somnambules, mais il me semble que c'est un bonheur, lorsque la faculté vous délaisse, de connaître un médecin qui ne désespère d'aucune guérison; qui, tous les jours, guérit une de ces maladies que l'on considère comme incurables.

---

## Insensibilité produite par le Magnétisme.

La sensation est transmise au cerveau par le fluide magnétique qui circule dans les nerfs et est perçue

---

[1] Rue de la Boule-Rouge, 24.

4.

par les fibres nerveuses du cervelet. Pour produire l'insensibilité, il sera donc nécessaire d'empêcher, ou la transmission, ou la perception de la sensation. Ainsi, vous produisez l'insensibilité en stupéfiant les fibres nerveuses du cervelet par la vapeur de l'éther ou celle de l'alcool; vous produisez encore l'insensibilité en introduisant, par l'action magnétique dans les nerfs, un fluide étranger qui empêchera le fluide primitif de transmettre la sensation. Nous joignons ici le récit d'opérations pratiquées pendant le sommeil magnétique, emprunté au journal du *Magnétisme*.

Monsieur,

« Mes idées sur le magnétisme vous sont connues. Toutes mes études sur cette branche de la physique médicale m'ont prouvé et me prouvent chaque jour que l'électricité est cet agent que l'homme a la faculté de développer sur son semblable, et de pouvoir modifier, suivant sa volonté, pour en faire un des moyens les plus puissants de la thérapeutique.

D'après cette théorie, mes idées sont toutes opposées à celles des magnétiseurs, mes devanciers, et même mes contemporains. Mais je n'ai pas l'intention de vous exposer actuellement cette nouvelle théorie, que je me propose de faire connaître par la voie de votre intéressant journal, si vous voulez bien le permettre. Pour aujourd'hui, je me bornerai à vous communiquer un fait d'insensibilité magnétique sur un jeune homme de quinze ans, auquel j'ai enlevé une tumeur *enkystée* pendant le sommeil magnétique.

Je ne vous apprendrai rien de nouveau, seulement c'est un fait de plus à constater; je pourrais les multiplier, j'en possède de nombreux exemples.

MIRRA (Joseph), âgé de quinze ans, portait à la partie supérieure de la tête une tumeur enkystée, de la grosseur d'une forte noix. Elle était mobile et insensible au toucher.

Le jeune Mirra passait facilement à l'état somnambulique. Je proposai donc à la mère de l'opérer pendant le sommeil, ce qui fut accepté.

Le 20 mai 1844, je procédai à l'opération, ainsi qu'il suit :

Ayant placé le malade dans un fauteuil et dans la direction du méridien magnétique, c'est-à-dire le dos tourné du côté du nord, je le magnétisai avec l'intention d'obtenir le sommeil magnétique et l'insensibilité. Après cinq ou six minutes, Mirra était profondément endormi. Interrogé par moi, il me répondit qu'il dormait, qu'il était entièrement isolé, mais qu'il éprouvait de la gêne à respirer ; quelques passes faites sur la poitrine suffirent pour le calmer.

Pour m'assurer s'il dormait réellement, et désirant savoir s'il était sensible à l'action de l'ammoniaque, je lui en présentai sous le nez un flacon à large ouverture ; après deux ou trois aspirations, la face se colora. Interrogé sur ce qu'il ressentait, il répondit : « Ça pique, ça pique. » Après cette épreuve, je demeurai bien convaincu de son insensibilité.

Je coupai les cheveux et rasai la tumeur et ses environs. Une incision longitudinale d'arrière en avant fut faite, sans déterminer, de la part du malade, le moindre mouvement ; seulement il dit : « Vous me faites mal. » Chaque lambeau fut incisé, et à chaque incision il répéta : « Vous me faites mal ; » mais la tête resta immobile. Chaque lambeau fut disséqué jusqu'à sa base, et la tumeur, parfaitement isolée, fut enlevée sans que le patient exécutât le moindre mouvement. Je rapprochai les lambeaux, et un pansement méthodique mit fin à l'opération.

L'opération terminée, je fis quelques passes, dans l'intention de calmer le malade, et le laissai dormir dix à douze minutes, après lesquelles je lui demandai s'il désirait s'éveiller.

« Comme vous le voudrez, » fut sa réponse. Je l'éveillai et lui demandai comment il se trouvait. « Très-bien ! » Je lui montrai la tumeur que je venais de lui enlever ; il ne voulait pas croire que ce fût la sienne, et il porta de suite la main sur sa tête, pour s'en assurer. Je lui arrêtai la main et lui recommandai de ne pas toucher à sa tête et de me venir voir le surlendemain pour se faire panser.

Le deuxième jour, mon petit malade fut exact au rendez-vous. Je le pansai sans l'endormir, et le pansement fut douloureux. Il se glissait sur son siége, comme pour fuir la douleur que lui causait le décollement de la charpie, qui adhérait fortement aux bords de la plaie.

Au deuxième pansement, je l'en—

dormis et procédai au pansement sans qu'il donnât le moindre signe de sensibilité. Je jugeai devoir procéder ainsi pour les autres pansements, afin d'éviter la douleur. Au dixième jour, la guérison fut complète.

J'espère, Monsieur, que, grâce à votre obligeance, et par la voie de votre journal, cette observation arrivera à la connaissance de mes confrères, et les engagera à suivre mon exemple, ne doutant nullement qu'ils n'obtiennent comme moi un entier succès. »

Votre tout dévoué,<br>
J.-C. DUSSAUX.

D. M. P., ancien élève particulier et prosecteur de M. Dupuytren, etc., etc.

## Examen de cette opinion : Jésus le Nazaréen n'était qu'un grand Magnétiseur.

Cette opinion étant principalement adoptée par les Allemands, nous allons exposer franchement leur système, puis en faire remarquer la fausseté.

Sous le règne de Tibère, on voyait en Judée un homme remarquable, du nom de Jésus. Sa chevelure, divisée en deux parties égales par une raie, indiquait un homme de la secte des Nazaréens (secte versée dans les sciences occultes et qui faisait profession de fraternité). Cet homme parcourait les bourgades, les villes et les campagnes, suivi d'une foule nombreuse de peuple qu'il avait séduite par la beauté

de ses traits, l'harmonie de son lan-
gage, la sublimité de ses discours,
fascinée par les prodiges éclatants,
qu'il donnait en témoignage de sa
divinité. Après ce portrait rapide du
Sauveur, les auteurs que nous entre-
prenons de réfuter, expliquent ainsi
les miracles de Jésus-Christ : lorsque
la philosophie entreprit de lutter contre le christianisme, elle comprit que,
des miracles du Christ, était née la
croyance des femmes, des enfants et
du peuple, à sa divinité. La philosophie nia donc hautement que Jésus-
Christ eût jamais opéré de prodiges ;
ces dénégations furent impuissantes.
On ne nie pas un fait qui s'est passé
devant plus de 3,000 témoins. Les
Juifs, plus habiles, tâchèrent de les
expliquer, en disant qu'il avait dérobé

le nom de Dieu dans le temple, Julien l'apostat, en écrivant que d'autres, sans être fils de Dieu, en avaient fait avant lui. Aujourd'hui que les sciences ont fait un pas, nous avons découvert les secrets moyens employés par le nazaréen Jésus. Comme lui, par l'imposition des mains, nous guérissons les paralytiques, donnons l'ouie aux sourds, la vue aux aveugles, la parole aux muets, et rendons enfin le calme aux épileptiques [1] qui sont, sans aucun doute, ceux qu'en Judée on nommait *possédés*. En un mot, les prodiges du Christ sont égalés par le magnétisme.

[1] J'ai vu à Rouen, chez le savant docteur Desbois, dans sa bibliothèque si remarquable, une thèse anglaise sur l'identité des épileptiques avec les possédés.

J'ai présenté les objections dans toute leur force ; je vais maintenant passer à leur réfutation.

Je ne nierai pas que quelques somnambules, doués du don prophétique, n'entrevoient les événements futurs, mais quelle incertitude, quelles vacillations dans leurs réponses ! Le sphinx harcelé laisse bien tomber çà et là quelques lambeaux de son secret, mais c'est pour les reprendre aussitôt et les retirer dans ses dents comme une proie mal lâchée. — Quelle indigne profanation de comparer les éloquentes prophéties du Christ sur Jérusalem, avec une prédiction de somnambule ! ! !

J'ai été le témoin d'un grand nombre de cures, dues à l'action magnétique ou aux prescriptions somnambuliques ; toutes étaient dépourvues du signe caractéristique du miracle : l'instantanéité !

Un grand nombre de magnétiseurs se sont vantés d'avoir égalé le Christ par leurs miracles, et il s'est rencontré des hommes qui ont eu la crédulité d'ajouter foi à leur parole. Si ces thaumaturges avaient précisé davantage leurs prétentions, et qu'ils se fussent vantés d'avoir nourri 3,000 hommes avec cinq pains , lequel , je vous le demande , de leurs trop crédules auditeurs, aurait été assez simple pour écouter de sang-froid une semblable extravagance ?

J'ai étudié la vie de tous les fondateurs de religion, et je puis affirmer sans crainte que Jésus-Christ, seul, a rendu la vie aux morts , lui seul, par sa résurrection , a triomphé du trépas, suivant la magnifique expression de l'apôtre Saint-Paul : O mors ubi est victoria tua ? ô mort , où est donc ta victoire ?

## Explications, données par la métaphysique, de la vue dans le temps et l'espace.

Dans ce siècle, les croyances à la seconde vue ont toujours été considérées comme les rêveries d'un cerveau malade par cette foule de demi-savants, qui se croient des esprits forts parce qu'ils nieront aveuglément ce qu'ils ne comprennent pas. Nous allons citer aujourd'hui le somnam-

bulisme devant le tribunal de la raison, et montrer que, pour avoir une
base plus élevée que les autres connaissances, cette science n'en a pas
moins une base réelle et inébranlable.

Pour visiter le labyrinthe confus et
inextricable du somnambulisme, il
nous faut le fil d'Ariane, et ce fil est
la croyance à l'immortalité de l'âme
et à son immatérialité. Ce principe
admis, les ténèbres vont se dissiper
et le soleil de la vérité va luire.

Le somnambule entre en rapport
avec le monde extérieur sans le mi-
nistère des sens, ces organes gros-
siers dont les fonctions sont nécessairement limitées comme tout ce qui
est matière, et son âme, se dégageant
de sa prison charnelle, entre en com-
munion, directement et sans agent

intermédiaire, avec la nature, avec les objets extérieurs, avec les idées intimes de l'homme ! Voilà pourquoi, pour le somnambule, il n'y a plus de distance de temps et d'espace ; voilà pourquoi il peut voir dans les ténèbres au travers des corps les plus opaques ; car, son âme, principe immatériel, éthéré, universel, transperce les obstacles matériels avec plus de facilité que les rayons du soleil ne pénètrent le plus pur cristal. Voilà le mystère du somnambulisme découvert, et reposant sur une croyance admise par l'universalité des peuples : l'immortalité de l'âme. Nous citerons à la fin de ce livre un grand nombre d'exemples de vue dans le passé, le présent et l'avenir ; dans l'espace et au travers des corps opaques; tous faits publics revêtus d'un caractère authentique, racontés par des écrivains dignes de foi, et ces faits qui, naguères, eussent semblé si impossibles, si embarrassants à dire de sang-froid, sembleront compréhensibles et vraisemblables; car, sachant que l'âme, dégagée du corps, perçoit l'avenir, qui ne comprendra qu'Alexis ait pu nous prédire le numéro qu'il devait tirer à la conscription? Qui s'étonnera que le docteur Viancin, ait, par un acte de sa volonté, envoyé sa somnambule en Egypte, qu'elle ait lu sur les Pyramides le nom des rois de ce pays, et ait relevé une erreur de M. de Champolion? Qui doutera qu'un somnambule sans éducation, un habitant de la campagne, ait traité les plus hautes questions avec un style qui, par sa pompe et la majesté de ses images, rappelle celui de l'Ecriture; qu'un somnambule reconstruise les villes telles qu'elles étaient il y a plusieurs centaines d'années !

Il y a quelque temps que les savants, à la vue des merveilleuses conquêtes de la science, proclamaient avoir arraché à la nature ses secrets, semblables aux anciens géographes qui écrivaient sur leurs mappemondes : Ici finit l'univers, *Ibi deficit orbis*, sans se douter que, dans cet espace, nommé par eux le vide, il y avait deux fois plus de terre qu'on n'en connaissait de leur temps. Ils ont cru tout connaître en étudiant la matière, mais Dieu n'a pas voulu les laisser dormir tranquilles dans leur incrédulité, et le jour est venu où le matérialiste, forcé de donner une explication de ces phénomènes merveilleux que chaque jour la presse annonce au monde, se trouve forcé, ou de confesser son impuissance, ou de se prosterner devant son Dieu et d'adorer sa toute-puissance.

## Magnétisme au point de vue social et religieux.

La haute sagesse des prêtres de l'Antiquité avait, comme nous l'avons dit plus haut, enfermé le magnétisme dans le sanctuaire des temples ; là, éloigné des regards d'un monde profane, il resta ignoré des peuples qui ne le connurent que par ses bienfai-

sants effets. Dans leur tendre solli-
citude, les Sages de l'Orient avaient
craint que les bateleurs de la science
venant à s'en emparer, ces jongleurs
ne portassent une main sacrilége sur
la région sacrée de l'âme, et ne se
servissent de ces précieuses connaissances que pour assouvir une cupi-
dité toujours insatiable. Suivant l'o-
pinion émise par M. Alphonse Esquiros, si le magnétisme, perdant un jour
sa mobile fugacité, devenait une
science positive, il est effrayant de
penser que des hommes pervers pour-
raient s'en servir pour surprendre les
secrets intimes des familles. Versé
dans la magie, je connais des breu-
vages qui développeraient considé-
rablement la lucidité chez les somnambules, mais je suis bien résolu à

n'en faire jamais connaître la composition. Le somnambulisme est encore aujourd'hui un sol capricieux, sur lequel on marche de mirages en mirages ; un terrain mouvant où l'on enfonce à chaque pas, ce qui faisait dire dernièrement à M. Lamennais, en notre présence, que le somnambulisme n'avait pas en lui d'éléments de progrès. Voyons maintenant les services que le somnambulisme peut rendre à l'humanité. Il découvre des remèdes nouveaux qui triomphent de maladies que la médecine vulgaire n'avait pas encore pu guérir. Tout en blâmant la coupable négligence de ceux qui dédaignent de recourir à la science somnambulique pour conserver la vie à leurs proches, nous pensons prudent de soumettre à un médecin les prescriptions des somnambules, à moins que ceux-ci ne soient eux-mêmes médecins. Le somnambulisme peut encore servir à nous donner des nouvelles d'un ami absent; lorsque le somnambule vous décrit exactement votre ami au physique comme au moral, il y a alors une grande probabilité pour qu'il le voie réellement. Dans la police, on pourrait s'en servir seulement comme confirmation. Dans tous les cas, je conseillerai à ceux qui viendront consulter les somnambules, de ne pas penser à la personne dont on veut avoir des nouvelles, car j'ai remarqué avec Marcillet que le cerveau des somnambules était en quelque sorte un daguerréotype où venaient se graver les idées de ceux avec lesquels ils entrent en rapport. J'ai consulté souvent les somnambules sur les hautes questions de philosophie, leurs réponses étaient toujours conformes ou basées sur la tradition, le catholicisme et la raison.

Dans l'antiquité et le moyen-âge, les prêtres ont toujours tenu le sceptre des idées ; aujourd'hui le royaume de la science est devenu une vaste république où l'on ne reconnait qu'une seule puissance, une seule aristocratie, celle du mérite. Au milieu du progrès universel, les prêtres ne peuvent pas rester stationnaires. La gloire de la religion exige que le prêtre domine le monde des intelligences par l'étendue de son vaste savoir. Il faut que les prêtres, semblables à l'illustre

Dominique Lacordaire, se mêlent au mouvement intellectuel de leur siècle; qu'à l'exemple de Lamennais, ils montrent que toutes les sciences sont des chemins qui mènent à la vérité éternelle qui est Dieu; qu'ils se livrent, enfin, à l'étude du magnétisme que le pape, Pie IX, esprit élevé et progressif, vient d'encourager par un bref. Si une erreur, contraire à la doctrine de l'église, s'était glissée dans cet ouvrage, nous la rétracterions sans essayer de la soutenir: s'abaisser devant Dieu, c'est se grandir! Le monde critiquera peut-être notre esprit religieux; mais, semblable au triomphateur Romain, qui montait au Capitole sans faire attention aux insultes de l'esclave chargé de l'outrager, nous, aussi, nous mépriserons les mépris, et monterons d'un pas ferme au Capitole, pour y allumer le fanal qui doit éclairer le monde des intelligences.

## Meâ culpâ.

Malgré notre vif désir d'épargner à nos lecteurs toute fatigue intellectuelle, nous n'avons pu ôter à ce sujet l'aridité inhérente aux questions de métaphysique. Plusieurs d'entre eux qui ont pris la généreuse résolution de nous lire jusqu'au bout, ont sans doute déjà jeté plus d'un regard furtif sur la tranche du livre, pour voir si la fin n'approche pas. Nous leur demandons bien humblement pardon, et nous allons leur exposer les motifs qui nous ont contraint à être si sérieux. Il est une vérité admise par tous les esprits profonds, que les dogmes sublimes enfantent une morale sublime, de même que les idées élevées produisent de nobles sentiments. J'ai cru en conséquence, que si, déchirant le voile mystérieux qui a, jusqu'à ce jour, caché aux yeux des magnétiseurs la nature de leurs actes, je leur faisais apparaître le magnétisme dans sa sublime vérité, je les empêcherais de prostituer à des usages profanes une science aussi sainte.

Chaque phénomène magnétique qu'ils produiront désormais, en leur rappelant l'immortalité de l'âme, porteront leurs yeux vers le ciel, leur âme vers Dieu. Divine contemplation qui élève les idées, épure les sentiments, et sanctifie l'homme ! J'espère avoir été heureux dans le choix des écrivains que je vais appeler à mon secours pour attester ce que je viens de démontrer.

C'est, en premier lieu, le R. P. Lacordaire, l'orateur du monde chrétien, qui, avec l'œil perçant du génie, a pénétré les mystères du magnétisme ; Alph. Karr, très spirituel écrivain de la plus spirituelle des nations; enfin un grand nombre me remercieront de leur avoir fait renouveler connaissance avec le style charmant de M. Alph. Esquiros, l'un des plus aimables littérateurs français. Tout en reconnaissant avec justesse que le caractère constant des phénomènes magnétiques est la variabilité, ils vous affirmeront que le somnambule voit au travers des corps opaques dans le temps et l'espace, qu'il indique les remèdes propres à guérir les maladies.

Ces phénomènes qu'ils racontent, ils les ont vus de leurs yeux, touchés de leurs mains ; leur voix vient donc naturellement s'unir à la nôtre pour vous dire : Quod vidimus et audivimus testamur, nous attestons ce que nous avons vu et entendu.

Les traiterez-vous de fous, d'hallucinés ?

Mais ces hommes sont des écrivains illustres ; tout ce qu'il y a en France de gens instruits, admirent leur esprit, leur savoir et la profondeur de leur sagesse.

Attribuerez-vous ces phénomènes au hasard ? soit, mais alors le hasard est un grand magicien.

<hr>

## Aveu de sa croyance au Magnétisme, fait dans la chaire de N.-D. de Paris, par le R. P. Lacordaire.

« Mais du moins n'existe-t-il pas dans la nature des forces occultes qui nous ont été révélées depuis, et dont Jésus-Christ se serait autrefois emparé ? Je nommerai, Messieurs, ces forces occultes auxquelles on fait allusion, je les nommerai sans crainte : on les appelle les forces magnétiques. Et je pourrais m'en délivrer aisément, puisque la science ne les reconnaît pas encore, et même les proscrit. Toutefois, j'aime mieux obéir à ma conscience qu'à la science. Vous invoquez donc les forces magnétiques : eh bien ! *j'y crois sincèrement, fermement ;* je crois que leurs effets ont été constatés, quoique d'une manière qui est encore incomplète et qui le sera probablement toujours, par des hommes instruits, sincères et même chrétiens ; je crois que ces effets, dans la grande généralité des cas, sont purement naturels ; je crois que le secret n'en a jamais été perdu sur la terre, qu'il s'est transmis d'âge en âge, qu'il a donné lieu à une foule d'actions mystérieuses dont la trace nous est facile à reconnaître, et qu'aujourd'hui seulement il a quitté l'ombre des transmissions souterraines, parce que le siècle présent a été marqué au front du signe de la publicité : je crois tout cela. Oui, Messieurs, par une préparation divine contre l'orgueil du matérialisme, par une insulte à la science , qui date du plus haut qu'on puisse remonter , Dieu a voulu qu'il y eût dans la nature des forces irrégulières , irréductibles à des formules précises, presque incontestables par les procédés scientifiques. Il l'a voulu, afin de prouver aux hommes tranquilles dans les ténèbres des sens, qu'en dehors même de la religion, il restait en nous des lueurs d'un ordre supérieur, des demi-jours effrayants sur le monde invisible, une sorte de cratère par où notre âme, échappée un moment aux liens terribles du corps, s'envole dans des espaces qu'elle ne peut pas sonder, dont elle ne rapporte aucune mémoire, mais qui l'avertissent assez que l'ordre présent cache un ordre futur devant lequel le nôtre n'est que néant.

« Tout cela est vrai, je le crois; mais il est vrai aussi que ces forces obscures sont renfermées dans des limites qui ne témoignent d'aucune souveraineté sur l'ordre naturel. *Plongé dans un sommeil factice, l'homme voit à travers des corps opaques à de certaines distances; il indique des remèdes propres à soulager et même à guérir les maladies du corps;* il paraît savoir des choses qu'il ne savait pas, et qu'il oublie à l'instant du réveil; il exerce par sa volonté un grand empire sur ceux avec lesquels il est en communication magnétique : tout cela est pénible, laborieux, mêlé à des incertitudes et des abattements. C'est un phénomène de vision bien plus que d'opération, un phénomène qui appartient à l'ordre prophétique, et non à l'ordre miraculeux. On n'a vu nulle part une guérison subite, un acte évident de souveraineté. Même dans l'ordre prophétique, rien n'est plus misérable.

* * *

## Séances de Magnétisme. Comptes rendus par Alph. Karr.

Il faut que je parle encore du magnétisme.

Je raconte ce que j'ai vu, — sans exagération et sans *fioritures*. J'ai

assisté à trois séances : — la première était chez M. Ch. Led, avocat;
le magnétiseur était M. Marcillet, et
le somnambule était Alexis.

Après que M. Marcillet eut déclaré
son sujet endormi, on lui mit sous
les yeux deux gros tampons de ouate,
puis on recouvrit la ouate de trois
bandeaux épais. Un de mes amis, un
peintre d'un talent charmant, M. J...,
que j'avais mené dans la maison, con-
sentit à jouer aux cartes avec lui. Il
fit couper, donna cinq cartes à Alexis, qui avait les yeux bandés comme
je viens de le dire, puis tourna la
onzième carte. Alexis, laissant les
cartes retournées sur la table, en
demanda trois, puis dit : J'ai le
point, vous n'avez que deux atous,
le roi et le dix. M. J... avait en

effet le roi et le dix d'atout, et perdit le point. Alexis désigna une ou deux cartes à faux dans le jeu de son adversaire, mais cependant joua ses cinq cartes à lui sans se tromper, fournissant de la carte demandée, ou coupant quand il n'en avait pas.

Le coup d'après, comme il hésitait à écarter la dame de pique, il toucha le talon et dit : je puis jeter la dame de pique, je vais prendre le roi. Il donna des cartes à son adversaire, et en prit lui-même quatre, dans lesquelles se trouvait effectivement le roi de pique ; puis il pria M. J... de laisser son jeu retourné sur la table, et, plaçant le sien dans la même position, il joua les deux jeux.

Le jeu dont on se servait pour l'écarté avait été, dans l'origine, un jeu de piquet. Quelques basses cartes y avaient été oubliées. Alexis, — les yeux bandés comme nous l'avons vu, les cartes retournées sur la table, — ôta avec impatience ces quelques basses cartes mêlées aux autres.

Quelqu'un prit un livre parmi une trentaine de volumes qui se trouvaient dans le salon. On ôta les bandeaux d'Alexis, puis on lui présenta un livre ouvert. Il demanda à quelle page on voulait qu'il lût. Le livre était ouvert à la page 139; je demandai qu'il lût à la page 145. Le somnambule, les yeux fixés sur la page 139, répondit : Je vois écrit, en lettres italiques, à la page 145, à cette place (et il indiqua les deux tiers de la page), *les Mystères de Paris.*

On ouvrit le livre, et, à la page

145 , on trouva écrits, en lettres italiques, ces mots : *les Mystères de Paris.*

On recommença l'épreuve sur un autre volume. On demanda au somnambule de lire la dixième page après celle qu'il voyait. Les mots indiqués par Alexis ne se trouvèrent pas à la dixième page, il dit : C'est que j'aurai lu plus loin; je suis sûr de les avoir lus. — Les mots se trouvèrent quatre ou cinq pages plus loin.

M. T. J... donna la main au somnambule et lui ordonna d'aller chez lui.

Je vois, dit-il, beaucoup de tableaux. Il en désigna quelques objets, que M. T. J. ne trouva pas justement désignés. Il lui demanda alors : — Voyez le tableau qui est sur mon chevalet.

—Je le vois, dit Alexis ; c'est une campagne. Il y aura de la verdure, mais elle n'est pas encore peinte...

Il y a... trois personnages... Un des trois, je ne sais si c'est un enfant, est bien plus petit que les autres, il a une arme à la main. Sur le devant, il y a deux animaux... pareils... mais je ne les vois pas bien ; ils ont comme des cornes...

— Sont-ce des bœufs ?

— Oh ! non, c'est bien plus petit ; il y a aussi à droite comme une maison.

—Non.

—Si fait ; tenez...

Alexis prit un crayon et dessina sur du papier la forme de ce qu'il voyait.

M. T. J. dit alors que le tableau

qui était sur son chevalet représen-
tait deux petits braconniers tenant
chacun un lièvre qu'ils viennent de
prendre au lacet. Dans le lointain est
un garde-chasse qui arrive le fusil
sous le bras, et qui est fort petit à
cause de l'éloignement. Il affirma,
du reste, que ce que venait de tracer
Alexis était un pan de muraille qui
existe en effet dans le tableau, et que
le dessin était très exact.

Quelqu'un lui donna un papier
plié en plusieurs doubles, en l'in-
vitant à lire ce qu'il contenait; après
d'assez longues hésitations, il dit :
je ne peux pas lire, parce que la
personne qui m'a donné ce papier
ne l'a pas écrit elle-même; elle l'a
fait écrire par un enfant qui est ici,
et l'enfant a d'abord voulu écrire son

nom, puis on lui a fait mettre un autre mot; et le nom de l'enfant et le mot écrit se confondent à mes yeux.

— Eh bien! voyez-vous le nom de l'enfant?

— Oh! oui; il s'appelle *Charles.*

— C'est vrai.

Plusieurs autres épreuves eurent lieu. Le somnambule tantôt voyait, d'autres fois entrevoyait, quelquefois ne voyait pas; puis il se dit fatigué.

A une autre séance, —chez M. Marcillet, — on joua aux cartes comme à la première; —seulement je fis chercher un jeu de cartes neuf, dont je brisai l'enveloppe seulement au moment de jouer. Le jeu se passa comme aux autres séances.

Alexis lut successivement dans un livre apporté par quelqu'uu, et des mots écrits à la main et enveloppés dans plusieurs papiers, — cette opération ne réussit pas toujours, et elle paraît toujours le fatiguer. Quelquefois il ne voit que quelques lettres du mot, — rejette le papier, — et le reprend au milieu d'autres questions.

Un gentleman anglais lui présente sa main fermée. —Voyez-vous ce que j'ai dans la main?

—Oui, c'est rond; il y a une figure. Retournez votre main. — Ah! c'est cela, — il y en a deux!

— Deux figures?

— Non; deux choses pareilles, sur chacune desquelles il y a une figure.

— C'est vrai.

— Ce sont deux pièces d'or; — elles ne sont pas du même or : —l'une d'or jaune, — l'autre d'or rouge.

Alexis dit à l'Anglais : — Regardez le millésime des pièces : — l'une est de 1811,—l'autre de 1815.

— C'est vrai.

Une grosse dame s'avance :

— Pouvez-vous voir, dans la ville de..., la personne qui a écrit cette lettre?

— Oui.

— Comment se porte-t-elle?

— Dam! elle a 76 ans.

— Je ne la croyais pas si âgée.

— Vous croyez qu'elle n'a que 73 ans, mais elle en a 76.

— Comment se porte-t-elle?

— Assez mal.

— Vraiment! — Et est-elle bien disposée pour sa famille... pour moi surtout...

—C'est votre tante.

— Non... c'est une parente... Mais je vous demande si elle est bien disposée pour moi.

Je ne sais pas ; — mais ce que je vois bien, c'est qu'elle est boiteuse.

—Ah! mon Dieu! c'est vrai.

J'étais venu avec plusieurs amis, avec lesquels j'avais dîné chez l'un de nous. En quittant la maison, j'avais cassé une branche à un azalée à fleurs blanches, et j'avais mis cette branche dans une bouteille à vin de Champagne vidée.

Celui chez lequel on avait dîné dit au somnambule : Voulez-vous aller chez moi.

— Oui.

—Que voyez-vous dans mon salon?

—Une table avec des papiers dessus et des assiettes et des verres.

— Il y a sur cette table quelque chose que j'ai disposé à cause de vous, tâchez de le voir.

— Ah ! je vois une bouteille, — il y a du feu ;—non, ce n'est pas du feu, — mais c'est comme du feu... la bouteille est vide, — mais il y a quelque chose qui brille... Ah ! c'est une bouteille à Champagne... Il y a dessus quelque chose... ce n'est pas son bouchon... mais c'est à la place du bouchon... c'est bien plus mince par le bout qui est dans la bouteille que par l'autre... c'est blanc, — c'est comme du papier.—Tenez.

Et il dessina une bouteille avec la branche d'azalée, et il s'écria :—Ah! c'est une fleur, — un bouquet de fleurs,—de fleurs blanches.

Un médecin se trouvait là, qui est

un homme considérable : il a écrit des ouvrages forts importants couronnés par l'Académie. — C'est un observateur sagace et sérieux, — le baron F... — il demanda au somnambule s'il pourrait également aller chez lui. — Alexis répondit : Je suis bien fatigué,—mais je vais essayer.

— Que voyez-vous dans mon cabinet?

— Une table, des livres.

— Comme partout.

— Deux bibliothèques.

— Non, il n'y en a qu'une.

— Une bibliothèque, oui ; — mais il a beaucoup de livres sur un autre meuble.

— C'est possible ; — mais tâchez de voir quelque chose de plus particulier.

— Je vois un buste... un buste en marbre.

— Bien.

— En marbre blanc.

— Pas tout à fait.

— Le socle est noir... en marbre noir... mais le buste est blanc, avec des veines... grises... viólettes... bleues...—Enfin du marbre veiné.

— Oui.—Que représente ce buste ?

— C'est... je ne vois pas bien... il a la tête ronde... Ah! mais... c'est l'empereur Napoléon.

— C'est vrai. — Sur quoi est-il ?

— Il est singulièrement placé... sur quelque chose où on ne met pas d'ordinaire des bustes... c'est... tiens c'est sur votre pendule.

— Oui.

— Il n'y a qu'un an que vous l'a-
vez.

— Effectivement.

---

## Faits magnétiques remarquables de vision somnambulique.

» Je terminerai ma lettre, monsieur le rédacteur, en vous racontant
un fait analogue et plus récent. Ven-
dredi dernier, 3 courant, à sept heures du soir, cinq jeunes femmes se
présentent à mon domicile ; à leur
air triste, il était facile de s'aperce-
voir qu'un malheur venait de leur
arriver ; elles me demandèrent à consulter Marie. Après s'être recomman-

dées de M. le lieutenant-général vi-
comte de P..., qui me les adressait,
j'endors aussitôt Marie, qui leur dit :
» Vous venez pour savoir ce qu'est
» devenu votre père, vieillard pres-
» que en enfance, qui a disparu de
» son domicile depuis quelques
» jours. » Puis elle décrit les habi-
tudes de ce pauvre homme, en disant : « Je me trouve dans un endroit
» où il se promenait souvent... il y
» a des arbres... attendez que je voie
» où je suis... c'est derrière la Ma-
» deleine..... à la Chapelle expia-
» toire! » Ces dames m'affirmèrent
aussitôt que leur père se promenait
journellement dans cet endroit.....
» Vous croyez donc qu'il s'est noyé ?
dit Marie, parce qu'il vous a été rapporté qu'avant-hier , sur les onze

heures du soir, un soldat en faction
près le bord de l'eau, du côté des
Tuileries, lui avait parlé... Détrom-
pez-vous; votre père n'a jamais eu et
n'aura jamais des idées de suicide !..
Il est trop pieux pour cela... Je vois
sur lui un chapelet garni en fer, une
croix en bois d'ébène est attachée
après... » Puis, après avoir fait la
description minutieuse de ses vête-
ments, elle dit qu'il avait sur la figure
des taches rouges et noires; puis
donna le détail de la chambre où il
couchait, annonçant qu'elle y voyait
une malle qui était placée aux pieds
du lit et à côté de la fenêtre; elle ter-
mina enfin en disant que leur père
n'avait manqué de rien, qu'il allait
être retrouvé par la police, et qu'un

de ses agens le ramènerait. « Vous dites qu'il ne manque de rien, et comment cela peut-il se faire? fit observer à Marie l'une de ces dames, puisqu'il est parti sans argent? — Vous en trouverez sur lui lorsqu'il rentrera, » répondit Marie.

» Ces dames me quittèrent rayonnantes d'espérance, et coururent porter quelques consolations à leur mère. A peine avaient-elles terminé de lui raconter tout ce que la somnambule leur avait dit, qu'un homme se présentait à la loge du concierge du n° 12 de la rue Castellane. Cet homme tenait un vieillard sous le bras. C'était le père du concierge, et toute la famille était réunie s'attendant à le voir arriver ! Marie avait

encore dit juste au sujet de la personne qui le ramenait : c'était un
sergent de ville !

» On interrogea le pauvre vieillard, qui ne put se rappeler ce qu'il
avait fait pendant son absence ; mais
l'étonnement fut à son comble lorsque
l'on eut trouvé sur lui une somme de
14 francs.

» Combien je fus heureux le lendemain matin, en me rendant au
milieu de cette famille, qui avait eu
la précaution de me faire prévenir de
son bonheur, et en apprenant également qu'ils éprouveraient le plus
vif plaisir à raconter à qui voudrait
l'entendre les merveilles du somnambulisme !

» C'est donc d'après l'assentiment
de cette famille, monsieur le rédac-

teur, que je prends la liberté de vous donner ces détails, avec prière de les publier ; j'ajouterai, avant de terminer, que par une singularité toute particulière, deux heures seulement avant l'arrivée chez moi de la famille du vieillard, je rencontrai, rue de Rivoli, M. le lieutenant-général comte d'H..., aide-de-camp du Roi ; je lui proposai de lui amener le somnambule Alexis, pour le convertir au magnétisme. Ses premières paroles furent celles-ci : « Si le pouvoir magnétique est aussi puissant que vous me l'avez dit, je vous écrirai demain pour vous recommander une famille qui se trouve dans la désolation d'avoir perdu son chef, disparu depuis quelques jours. » Et j'eus encore la satisfaction d'apprendre que la famille à laquelle s'intéressait si vivement ce brave général était la même que j'avais rendue si heureuse par anticipation.

» Recevez, etc.    MARCILLET.

» Paris, le 6 octobre 1845. »

---

## Phénomènes merveilleux de vision dans l'avenir et dans l'espace, par Alp. Esquiros.

Il n'entre pas dans nos intentions de raconter tous les faits magnétiques qui sont à notre connaissance. A plus forte raison négligerons-nous ceux qu'on peut trouver rapportés dans les livres. Il en est un toutefois, parmi

les faits publiés, qui mérite un inté-
rêt particulier à cause du beau nom
scientifique auquel il se rattache.
Nous voulons parler de ce qui advint
au docteur Georget dans les salles de
la Salpêtrière. Ce médecin, ayant
fait l'essai du magnétisme sur la première femme venue qui se rencontra
sous sa main, réussit à la plonger
dans le sommeil lucide. A la première
question qu'il lui fit, cette femme
manifesta sur son visage une vive
douleur ; elle fut prise ensuite de convulsions violentes qui ne se dissipèrent
qu'avec le sommeil dont le docteur
Georget se hâta de la faire sortir. Le
lendemain, nouvelles expériences,
mêmes convulsions. Cette résistance
de la somnambule ne faisait qu'exci-
ter encore l'inquiétude et la curiosité

du magnétiseur. Que voyait-elle donc qui l'agitait de la sorte? Georget l'endormit une troisième fois, bien résolu, ce jour-là, à arracher le secret des lèvres de cette femme. Les convulsions furent la suite immédiate de l'invasion du sommeil ; mais, résolu à rompre le charme, le magnétiseur s'arma d'une volonté énergique. Les questions, les instances, les ordres les plus impératifs, rien ne fut épargné pour vaincre cet obstiné silence. Alors, au milieu des sanglots qui l'étouffaient et des larmes qui coulèrent avec abondance sur ses joues pâles, la somnambule s'écria qu'elle voyait le jour de sa mort prochaine. Ici, passant en revue le temps qui lui restait à vivre, elle en détailla minutieusement l'emploi : « Le dimanche

suivant, je sortirai de la Salpêtrière
pour aller dîner chez mes parens;
vers le soir, je me sentirai incom-
modée; on me ramènera en voiture
à la Salpêtrière; ma maladie, d'abord
peu grave, deviendra plus inquié-
tante de jour en jour. » La somnambule énumère avec une clairvoyance
effrayante tous les symptômes, tous
les accidens qui surviendront : tel
jour elle aura la fièvre, tel autre jour
le délire, la vessie sera frappée de
paralysie à tel moment, enfin, déchirant tout-à-fait le crêpe qui couvre
son triste avenir, elle annonce d'une
voix affreusement prophétique le jour
et l'heure précise où elle rendra le
dernier soupir.

Georget, comme frappé de la fou-
dre, maudit sa fatale curiosité qui lui

a fait porter la main à l'arche des mystères de la nature. Il s'arrête épouvanté, et fait sortir sa somnambule de ce terrible sommeil où il n'osa plus la replonger jamais. La malheureuse ne conserva à son réveil aucun souvenir de cette sinistre prédiction. On se garda bien de la lui révéler. Mais le plus sérieux est qu'elle tint parole. Cette femme sortit, en effet, de la Salpêtrière au jour indiqué, fut ramenée malade, en fiacre, eut la fièvre, le délire, la paralysie qu'elle avait dite, et succomba à l'heure qu'elle avait indiquée elle-même. Georget, accablé de stupeur et d'effroi, regarda en quelque sorte la mort s'avancer sur cette femme sans avoir la force de lui disputer sa proie. Une voix plus forte que celle de la science lui criait aux oreilles: C'est inutile, cette femme doit mourir! elle mourut. Il faut croire que cet évènement et quelques autres faits magnétiques, rencontrés par lui, exercèrent une influence bien puissante sur l'esprit du docteur Georget, puisqu'ils lui firent rétracter dans son testament des erreurs anciennes qui devaient avoir à ses yeux, comme aux yeux de tant d'autres médecins, le privilége d'une ignorance péniblement acquise. « Je ne terminerai pas cette pièce, écrit-il lui-même, sans y joindre une déclaration importante. En **1821**, dans mon ouvrage sur la *physiologie du système nerveux*, j'ai hautement professé le *matérialisme*... A peine l'avais-je mis au jour que de nouvelles méditations sur un phénomène bien extraordinaire, le somnambulisme, ne me *permirent plus de douter, en nous et hors de nous, d'un principe intelligent tout-à-fait différent des existences matérielles.* Ce sera, si l'on veut, *l'ame et Dieu.* Il y a chez moi, à cet égard, une *conviction profonde* fondée sur des *faits* que je crois incontestables. Peut-être un jour aurai-je le loisir de faire un travail sur ce sujet. » Ce travail est encore à faire, car Georget mourut à la veille de le commencer.

# CONCLUSION.

Tout homme quelqu'entraîné qu'il soit par le tourbillon des plaisirs, descendant au dedans, de lui-même et appuyant son front pensif dans ses mains, s'adresse quelquefois cette solennelle et imposante question :

La mort est un sommeil... c'est un réveil peut-être ! !

Ducis.

Cette question vient d'être résolue par des faits. Nous avons démontré que ces faits publics, racontés par des esprits graves et profonds, dont tous

les jours vous pouvez être les témoins [1] étaient incompréhensibles
pour l'homme qui ne voit que matière
en son semblable. Mais j'ai aussi éta-
bli que du moment où l'on croyait à
l'immortalité de l'âme, vérité admise
par l'universalité des peuples, le somnambulisme présentait des phénomènes croyables autant que possibles.
L'enfant qui connaît son catéchisme,
trouvera très naturel que notre âme,
émanation de Dieu, créée à son image, comme lui immortelle, participe
en quelque chose de la toute-puissance de son auteur. Quelques esprits,

[1] Si vous étiez désireux de voir une
séance de magnétisme, je vous conseillerai
d'aller chez Alexis, le plus lucide somnambule que je connaisse.

remplis de haine pour la religion, pensaient que le magnétisme allait terrasser le christianisme en démontrant que son auteur avait eu recours à l'action magnétique pour éblouir le peuple par des prodiges. Qu'est-il arrivé ? c'est que tous les hommes de bonne foi, qui ont voulu mettre en parallèle les phénomènes les plus merveilleux opérés par le magnétisme, avec les miracles du Christ, n'ont pu s'empêcher, à la fin de cet examen, de s'écrier comme le Centurion : oui, il était vraiment le fils de Dieu !

Que le peuple qui, chaque jour, souffre la faim, le froid, le mépris et la douleur, sans cesse crucifié dans sa chair et ses affections, espère et lève vers le ciel un regard assuré ! Car, chaque jour, il fait un pas vers le moment où son âme, se dépouillant de ce corps où elle a tant souffert, s'envolera vers Dieu, son créateur et son père.

www.ingramcontent.com/pod-product-compliance
Lightning Source LLC
Chambersburg PA
CBHW061744050726
47598CB00002B/589